Ernst Probst / Raymund Windolf

Münchehagen

Riesendinosaurier am Strand

Widmung

Regina Cossmann gewidmet,
die bei der Entstehung der Werke
„Dinosaurier in Deutschland“ (1993)
und „Münchehagen“ (2019)
wertvolle Hilfe geleistet hat!

Verlag:
Ernst Probst:
Im See 11, 55246 Mainz-Kostheim
Telefon: 06134/21152
E-Mail: ernst.probst (at) gmx.de
ISBN: 978-3-384-45280-1

Herstellung: Tredition GmbH, Ahrensburg

Riesiges Modell eines Elefantenfußdinosauriers im „Dinosaurier-Park Münchehagen“ (Rehburg-Loccum). Foto: Almondix / CC BY 3.0 (via Wikimedia Commons), lizensiert unter Creative Commons-Lizenz by-3.0, https://creativecommons.org/licenses/by/3.0/legalcode

Gemälde „Brontosaurus" von Heinrich Harder (1858–1935).
Illustration zu einem Artikel
des Schriftstellers Wilhelm Bölsche (1861–1939)
in der Zeitschrift „Die Gartenlaube" von 1906.
Der Elefantenfußdinosaurier „Brontosaurus" („Donnerechse")
wird heute Apatosaurus („Kopflose Echse") genannt.

Vorwort

Um die zufällige Entdeckung, intensive Erforschung und dankenswerte Erhaltung der bedeutendsten Dinosaurierfährten in Deutschland geht es in dem Taschenbuch „Münchehagen: Riesendinosaurier am Strand“. Dieser sensationelle Fund in einem niedersächsischen Steinbruch bei Bad Rehburg glückte 1979 dem Geologen Franz-Jürgen Harms. Als er dort auf der Erdoberfläche merkwürdige Hohlformen bemerkte, identifizierte er sie rasch als Fußabdrücke elefantenfüßiger „Dinos“. Diese imposanten Fußstapfen stammen aus der Unterkreidezeit vor etwa 140 Millionen Jahren. Es ist ein Glücksfall für die Wissenschaft und die an Erdgeschichte interessierte Öffentlichkeit, dass man heute noch die Trittsiegel von bis zu 30 Meter langen Giganten im „Dinosaurier-Park Münchehagen“ bewundern kann, der ab 1982 um das Naturdenkmal „Saurierfährten Münchehagen“ entstand. Verfasser des Buches „Münchehagen“ sind der Wissenschaftsautor Ernst Probst und der Paläontologe Raymund Windolf (1953–2010). Die beiden haben 1993 das Buch „Dinosaurier in Deutschland“ veröffentlicht, aus dem der aktualisierte Text über die Dinosaurierspuren von Münchehagen stammt.

Fortlaufende Fährte eines pflanzenfressenden Elefantenfußdinosauriers (Sauropode) im Münchehagener Steinbruch.
Foto: Institut für Geologie und Paläontologie der Universität Hannover

Inhalt

1980 bot der Münchehagener Steinbruch dieses Bild:
Vor abgelagerten Steinhaufen verlaufen von rechts unten nach links oben – nur undeutlich zu erkennen –
Fußabdrücke von Elefantenfußdinosauriern.
Foto: Institut für Geologie und Paläontologie der Universität Hannover

Münchehagen

Riesendinosaurier am Strand

Als der damals beim Landkreis Osnabrück angestellte Geologe Franz-Jürgen Harms 1979 an einem warmen Julitag verschiedene Steinbrüche in der Gegend um Bad Rehburg besuchte, fielen ihm in einem Steinbruch bei Münchehagen am Boden seltsame regelmäßige Hohlformen auf. Da er mit den 70 Kilometer weiter südwestlich liegenden Fährten in Barkhausen an der Hunte vertraut war, wurde sich Harms schnell klar darüber, dass er hier die Fährte eines elefantenfüßigen Dinosauriers entdeckt hatte.

Der Steinbruch wurde zu dieser Zeit zur Ablagerung von Bauschutt benützt und war auch von baldiger Auffüllung bedroht, weshalb schnell gehandelt werden musste. Franz-Jürgen Harms alarmierte sofort die Behörden, um die Fährten vor weiterer Zerstörung zu bewahren.

Anfang 1980 wurde zunächst einmal die Freiwillige Feuerwehr Münchehagens in den Steinbruch beordert: Mit ihren Strahlrohren spritzte sie den Staub aus den Fährten, und der große Wasserdruck sprengte sogar die Steinfüllungen (die sogenannten „Plomben“) aus den Spuren. Um die Fährten wissenschaftlich bearbeiten zu können und sie der Nachwelt zu erhalten, wurde zunächst von verschiedenen Instituten geplant, einzelne Platten mit Fährten herauszusägen und in die Naturkundemuseen in Münster und Hannover zu über--führen. Doch für dieses Vorhaben fehlten zunächst (glücklicherweise) die finanziellen Mittel.

Beamte der Kreisverwaltung in Nienburg hatten eine bessere

Lebensbild des Elefantenfußdinosauriers Apatosaurus.
Zeichnung: Dmitry Bogdanov (via Wikimedia Commons),
Lizenz: gemeinfrei (Public domain)

Idee: Um die Fährten dauerhaft zu schützen, leiteten sie ein Verfahren ein, damit der Steinbruch als Naturdenkmal gesetzlich anerkannt werde. Vorher beschädigten jedoch unverantwortliche Sammler einzelne Fährten bei „Nacht-und-Nebel-Aktionen". Um für private Zwecke in den Besitz von Abgüssen der Dinosaurierfährten zu kommen, gossen sie ein Trittsiegel mit Zement aus, dessen Entfernung später die Wissenschaftler einige Mühe kostete. Als die Paläontologen Abgüsse der Fährten anfertigten, gingen sie effektiver vor: Zunächst wurde der Fährtenraum mit einem hauchdünnen Film aus Silikon überzogen und zur Verfestigung anschließend mit Gips ausgefüllt.

Die zuerst entdeckte Fährtenfolge, die sehr gut erhalten ist und heute unter der Abdachung einer Schutzhalle liegt, wurde schon 1980 erstmals wissenschaftlich untersucht. Als sich der spätere Direktor des Westfälischen Museums für Naturkunde, Dr. Alfred Hendricks, im November 1989 mit ihr beschäftigte, wurde ihm seine Arbeit nicht leicht gemacht. Noch genoss die Fährtenfolge keinen gesetzlichen Schutz, und so fuhren häufig Schwertransporter über sie hinweg, die sie regelmäßig mit Schnee und Schmutz zufüllten, so dass sie immer wieder gesäubert werden musste.

Trotzdem konnte Dr. Hendricks schon 1981 die ersten Ergebnisse seiner Untersuchungen vorlegen. Wie am Titel seiner Arbeit „*Die Saurierfährte von Münchehagen bei Rehburg-Loccum*" abzulesen ist, ging man zu dieser Zeit noch davon aus, dass die 30 Meter lange und aus 22 einzelnen Trittsiegeln bestehende Fährtenfolge die einzige in dem Steinbruch sei. Dr. Hendricks bemerkte aber damals schon, dass „die drei Teilstücke vermutlich die noch erhaltenen Abschnitte einer Fährte sind, die von einem einzigen Sauropoden hinterlassen wurde. Ob möglicherweise mehrere Fährten vorliegen, kann endgültig erst nach

Skelett des Elefantenfußdinosauriers Apatosaurus im „Natural History Museum", New York City. Foto: Elika & Shannon / CC BY 2.0 (via Wikimedia Commons), lizensiert unter Creative Commons-Lizenz by-sa-2.0-de, https://creativecommons.org/licenses/by/2.0/legalcode.de

der Aufnahme der gesamten Steinbruchsohle entschieden werden."

Hendricks versuchte, aus der Fährte den möglichen Erzeuger zu bestimmen, und kam damals zu dem später revidierten Schluss, dass dieser eine Rumpflänge von 2,50 bis 3,10 Metern hatte, seine Beinlänge berechnete er mit 2,90 Metern. Er verglich die Fährte mit denen, die der amerikanische Fossiljäger Roland T. Bird (1899–1978) in den 1940er Jahren aus dem US-Bundesstaat Texas beschrieben hatte. Wie diese hätte demnach ein *Apatosaurus* (besser bekannt unter seinem älteren Namen „*Brontosaurus*") von etwa 15 Metern Länge und 5 Metern Höhe die Münchehagener Fährte verursacht. Um sie von den deutlich kleineren Barkhausener Elefantenfußdinosauriern (Sauropoden) aus der Oberjurazeit abzugrenzen und sie damit von „*Elephantopoides barkhausensis*" zu unterscheiden, gab Dr. Hendricks der Fährte den Namen „*Rotundichnus muenchehagensis*" („Münchehagener Rundfährte"). Sein Entschluss, der Münchehagener Fährtenfolge einen wissenschaftlichen Namen zu verleihen, wurde allerdings 1989 von dem amerikanischen Dinosaurierfährtenkenner James O. Farlow kritisiert, da die Münchehagener Fährtenfolge keinerlei Feinheiten wie Ballen-, Zehen- oder Krallenabdrücke zeige, sondern nur die schüsselrunden Eindrücke der Fußsohlen, die letztlich von beinahe jedem entsprechend großen Elefantenfußdinosaurier hätten verursacht werden können.

Dennoch war durch Hendricks' Arbeit die große Bedeutung des Fährtenfundes bestätigt und bekannt gemacht worden. Nun war zu dem oberjurassischen Barkhausen noch ein Fährtenfund aus der deutschen Unterkreide gekommen, dessen europaweite Bedeutung allerdings erst in den nächsten Jahren voll erkannt wurde. Dennoch musste zunächst dieses erdgeschichtliche Denkmal gesichert werden, was bis zum Ende des Jahres 1980

Modell des Elefantenfußdinosauriers Apatosaurus vor dem „Landesmuseum für Naturkunde" in Münster.
Foto: Thomas Ihle / CC BY-SA 3.0 (via Wikimedia Commons), lizensiert unter Creative Commons-Lizenz by-sa-3.0-en, https://creativecommons.org/licenses/by-sa/3.0/legalcode

durch die zuständige Verwaltung in der Kreisstadt Nienburg auch geschah. Zumindest auf dem Papier waren die Dinosaurierfährten vor weiteren Beschädigungen geschützt. Um sie auch vor den erheblichen Witterungsunbilden des Winters 1980/1981 schützen zu können, wurden sie mit Kunststoffplanen überdeckt. Schnee, Eis, Frost und Regen konnten so dem paläontologischen Denkmal nicht mehr viel anhaben.

Ein erster Abguss der Einzelfährte wurde vom Naturkundemuseum in Münster angefertigt und das Duplikat im Landesmuseum ausgestellt. Am Ende der Fährtenfolge stellte man das lebensgroße Modell eines *Apatosaurus* auf, damit den Museumsbesuchern plastisch vor Augen geführt werden konnte, welch langhalsiges und peitschenschwänziges Tier hier in der Unterkreidezeit gelebt hatte.

Die Originalfährtenfolge im Steinbruch erfuhr 1983 durch die Errichtung einer 30 Meter langen Halle einen wesentlich besseren Schutz. Im Zusammenhang damit wurden zwischen 1984 und 1987 weitere Reinigungsarbeiten des Steinbruchbodens durchgeführt, die zur neuen Aufdeckung zahlreicher Fährten führten. Nach und nach kamen mehr Fährten, als man je erwartet hatte, zum Vorschein. Bald waren es sogar mehr als in Barkhausen, und schließlich zählte man über 250 Trittsiegel – nicht nur eine der größten Fährtenansammlungen aus der Unterkreidezeit weltweit, sondern auch die umfangreichste Dinosaurierfährtengruppe, die je in Deutschland gefunden worden ist!

1987 wurde das Steinbruchareal von etwa 15.000 Quadratmetern Fläche vom Landkreis Nienburg angekauft. Jetzt entstand zwischen 1987 und 1989 nach und nach ein richtiges Freilichtmuseum. Tafeln wurden in der Schutzhalle und im Gelände zur Information der Besucher aufgebaut, Absperrungen

und feste Besucherzeiten wurden eingerichtet. Eine Aufsicht wachte darüber, dass sich keine „Fossiliendesperados“ mehr an den Spuren vergriffen und sie wie am Anfang beschädigten.
Auch rechtlich bekam die Münchehagener Fährtenansammlung einen verbesserten Status, da sie 1987 als Naturdenkmal in den schon bestehenden „Naturpark Steinhuder Meer“ eingegliedert wurde. So hatte diese reizvolle Landschaft einen neuen Anziehungspunkt bekommen.
Auch Wissenschaftler beschäftigten sich jetzt erneut mit den Münchehagener Fährten. Im Rahmen einer Diplomarbeit wurde das geologische Umfeld untersucht. Ferner wurden die beiden Diplomgeologen Dr. Reinhard Töneböhn und Silvia Kulle-Battermann vom Geologisch-Paläontologischen Institut der Universität Hannover beauftragt, detaillierte Geländearbeiten durchzuführen, die nicht nur zur genaueren Untersuchung der Fährten beitragen, sondern auch Empfehlungen für die Unterschutzstellung, Konservierung und das Management dieses erdgeschichtlichen Denkmals erarbeiten sollten.
Wie bei den großen Plateosauriergrabungen in Trossingen und Halberstadt wurde der Steinbruchboden von den beiden Wissenschaftlern unterteilt, damit jede einzelne Fährte genau dokumentiert und ihre Lage und Beziehung zu anderen Fährten eingeschätzt werden konnte. Das Raster bestand aus Feldern von je 10 mal 14 Metern Größe. In diese Felder wurden systematisch zu jeder Einzelfährte wichtige Merkmale eingetragen: Ist es ein linker Vorderfuß- oder ein rechter Hinterfußabdruck? Ist der Abdruck deutlich, oder ist er noch mit Sediment ausgefüllt („plombiert“)? Zeigt er Witterungs- und Zerstörungsschäden? Dass dies bei mehr als 250 zu vermessenden Einzelfährten eine langwierige Arbeit war, lässt sich leicht vorstellen.

Obwohl durch diese ausführliche Arbeit mit der „Nase am Boden“ die Rohdaten gewonnen wurden, aus denen noch weitergehende Schlüsse gezogen werden konnten, handelte es sich nur um einen Teil der umfassenden Untersuchung. Im Juni 1988 gingen die Wissenschaftler im wahrsten Sinne des Wortes in die Luft, als sie eine 11 Meter hohe Hebebühne mieteten, von deren Plattform aus Überblickfotos des Steinbruches gemacht wurden. Auch Aufnahmen von einem Flugzeug aus waren wertvoll, da sie bewiesen, dass sich die Fährten keineswegs ungeordnet und zufällig über dem Steinbruchboden verteilten, sondern ganz bestimmte Ordnungsprinzipien zeigten.
Alle Einzeluntersuchungen wurden von den beiden Wissenschaftlern schließlich zu einem Mosaik zusammengefügt und konnten 1988/1989 als ihre Interpretation der Münchehagener Fährten vorgestellt werden.

Die vierfüßigen Riesen

Von insgesamt 256 Einzelfährten ließ sich die weitaus größere Anzahl, nämlich 237 Stück, den riesigen pflanzenfressenden Elefantenfußdinosauriern (Sauropoden) der Unterkreidezeit zuordnen. Sie gleichen wie schon in Barkhausen augenfällig und für jedermann sofort sichtbar Elefantenfährten, sind also runde bis ovale Eindrücke. Bedauerlicherweise konnten in keinem Falle Anzeichen von Klauen, Zehen und Gehpolstern festgestellt werden, was bei Fährten von Elefantenfußdinosauriern durchaus erwartet werden kann, da zum Beispiel die innerste Zehenklaue ihrer Vorderfüße verlängert war und wohl auch als Verteidigungsinstrument benutzt wurde.
Die Fährten der Hinterfüße sind zwischen 60 und 130 Zentimeter groß, die meisten 80 Zentimeter lang. Ihre Breite beträgt

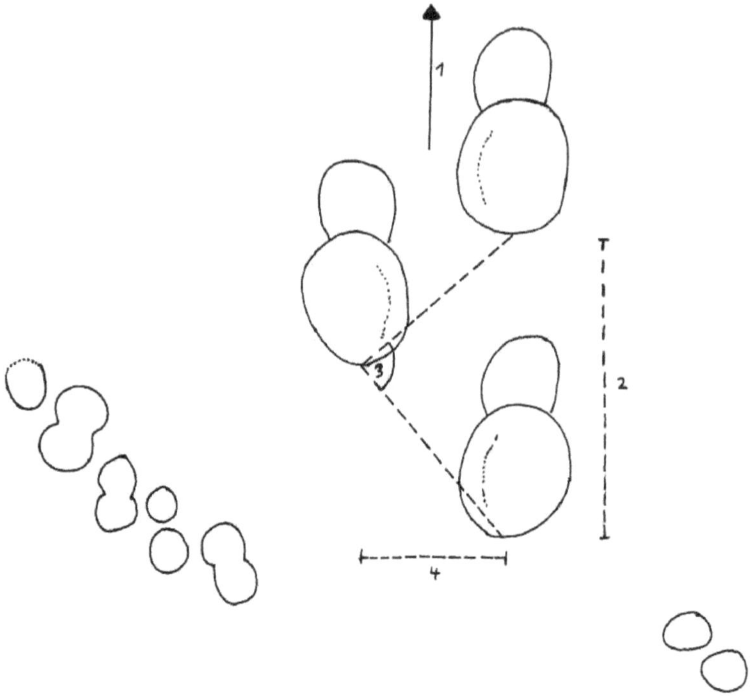

Messstrecken an Dinosaurierfährten:
1 = Laufrichtung
2 = einseitige Schrittlänge („Stide“)
3 = einfache Schrittlänge („Pace“)
4 = Gangbreite
Unten: Merkwürdige Krater – ebenfalls Fährten?
Zeichnung: Reinhardt Töneböhn und Silvia Kulle-Battermann, 1989

im Durchschnitt 70 Zentimeter, sie kann jedoch zwischen 45 und 110 Zentimeter schwanken. Ein sehr auffälliger Befund, den sich die Wissenschaftler zunächst nicht erklären konnten, war, dass von den insgesamt 237 gezählten Fährten von Ele-fantenfußdinosauriern lediglich 17 Exemplare von den Vorderfüßen stammten. Mit 40 bis 75 Zentimeter Länge und 40 bis 70 Zentimeter Breite sind sie deutlich kleiner als die Hinterfußabdrücke.

Paläontologen haben verschiedene Methoden entwickelt, aus den Fährten fossiler Tiere herauszulesen, wie groß die Tiere waren und wie schnell sie gingen. Dazu benutzen sie standardisierte Messgrößen, die überall die gleiche Anwendung finden, egal ob eine Fossilfährte in den USA, Asien oder Deutschland vermessen wird. Dazu zählt die einseitige Schrittlänge (der „Stride"), die bei den Münchehagener Elefantenfußdinosauriern zwischen 2 und 2,70 Metern beträgt. Die einfache Schrittlänge (der sogenannte „Pace") wurde mit durchschnittlich 120 bis 180 Zentimetern ermittelt. Zum Vergleich: Ein Mensch macht Schritte von 30 bis 40 Zentimetern.

Dinosaurier zeichnen sich durch ihre senkrecht unter den Körper gestellten Extremitäten aus und unterscheiden sich dadurch von allen anderen Reptilien. Auch bei den Münchehagener Fährten galt es, dies zu überprüfen. In welchem Abstand standen die Extremitäten der Elefantenfußdinosaurier unter dem Körper? Für die Vorder- und die Hinterbeine konnten die Wissenschaftler den sehr geringen Wert von nur 93 Zentimetern ermitteln. Dies bewies, dass die Elefantenfußdinosaurier von Münchehagen ihre mächtigen Beine tatsächlich säulenartig wie ein heutiger Elefant unter dem Körper stehen hatten.

Um herauszufinden, wie groß, wie schwer und wie schnell die Tiere waren, welche die Fährten hinterlassen hatten, verglichen

Skelett des Elefantenfußdinosauriers Diplodocus (links) im „Senckenberg Naturmuseum" in Frankfurt am Main.
Foto: Eva Kröcher (Eva K.) / CC BY-SA 2.5 (via Wikimedia Commons), lizensiert unter Creative Commons-Lizenz by-sa-2.5-de, https://creativecommons.org/licenses/by-sa/2.5/legalcode.de

die Paläontologen die Fährten mit anderen ähnlichen in aller Welt und stellten statistisch-biologische Berechnungen an. Zwei frühere Bearbeiter der Fährten hatten 1981 und 1986 noch angenommen, dass die Rumpflänge der Elefantenfußdinosaurier 2,40 bis 3,10 Meter und die Länge der Beine maximal 3 Meter betragen habe. Beine, die immerhin höher als jedes Zimmer gewesen wären! Die Rumpflänge eines Tieres lässt sich anhand von Fährten dadurch ermitteln, dass man den Abstand vom Vorderfuß- zum Hinterfußabdruck feststellt, denn je länger der Rumpf des Tieres im Verhältnis zu seinen Extremitäten ist, umso weiter liegt der Abdruck der Vorderfüße vor den Hinterfußabdrücken und umgekehrt. Ein Elefant, bei dem das Verhältnis von Rumpflänge zu Beinlänge etwa 1:1 beträgt, hinterlässt ein Fährtenbild, bei dem sich die Hinterfußabdrücke unmittelbar vor den Vorderfußabdrücken einprägen. Da bei den Münchehagener Elefantenfußdinosaurier-Fährten die Abdrücke der Vorder- und Hinterfüße deutlich auseinander liegen, dürfte die Länge ihres tonnenförmigen Rumpfes eindeutig größer gewesen sein als die ihrer Extremitäten.
Dies war ein neuer aufregender Befund, der sich auf mehr als 200 Einzelfährten stützte. Die Münchehagener Elefantenfußdinosaurier besaßen demnach noch wesentlich größere Ausmaße als vorher angenommen wurde. Dr. Töneböhn und Silvia Kulle-Battermann berechneten, dass die Pflanzenfresser, die hier vor 140 Millionen Jahren entlanggezogen waren, mächtige Leiber von 4 Metern Länge hatten und ihre Hüften in 3 Meter, wahrscheinlich sogar 4 Meter Höhe trugen. Bei einem Vergleich mit dem im Frankfurter Senckenberg-Museum aufgestellten amerikanischen *Diplodocus*-Skelett, das ganz ähnliche Proportionen aufwies, zeigte sich, dass die Münchehagener Elefantenfußdinosaurier eine Gesamtlänge von 20 bis 30 Metern erreichten. Aufgrund des Belastungsdruckes der

Lebensbild des Elefantenfußdinosauriers Diplodocus („Doppelbalken“).
Zeichnung: Dmitry Bogdanov / CC BY-SA 3.0
(via Wikimedia Commons),
lizensiert unter Creative Commons-Lizenz by-sa-3.0,
https://creativecommons.org/licenses/by-sa/3.0/legalcode

Fährten könnten sie 25 Tonnen gewogen haben. Es waren die größten Tiere, die je Deutschlands Boden berührten: so hoch wie das höchste Säugetier, der ausgestorbene Steppenelefant, und beinahe so lang wie das längste Säugetier, der Blauwal!
Diese Giganten waren mit einer Geschwindigkeit von weniger als 10 Stundenkilometern dahingeschlendert, wohl weil sie ihre Füße aus dem Schlick oder Schlamm ziehen mussten und weil sie im Wasser liefen. Es ist übrigens bemerkenswert, dass sich bei dieser großen Fährtenanzahl kein einziger Schwanzabdruck nachweisen ließ, wie auch bei anderen Fährten von Elefantenfußdinosauriern nicht. Die Münchehagener Riesen trugen demzufolge ihre Peitschenschwänze mehr oder weniger horizontal. Das alte Bild des Dinosauriers, der seinen Schwanz reptilienhaft hinter sich am Boden herschleifte, wurde auch durch die Münchehagener Funde korrigiert.

Eine Momentaufnahme aus dem Sauropodenleben

Nach der Ermittlung von Körpergröße und Geschwindigkeit der Elefantenfußdinosaurier konzentrierte sich das Interesse der Wissenschaftler auf die Frage, ob aus der Anordnung der Fährten etwas über die Lebensweise der Elefantenfußdinosaurier herausgelesen werden könne. Anhand der Luftaufnahmen war festgestellt worden, dass im westlichen Teil des Steinbruches wenigstens sieben einzelne Fährten deutlich voneinander abgesetzt von Südwesten nach Nordosten verliefen. Diese Einzelfährten sind jeweils zwischen 30 und 60 Meter lang. Da sich manche der Fährten aber sogar noch nordöstlich des dazwischenliegenden kleinen Hügels fortsetzten, erreichen die längsten zusammenhängenden Fährten eine Länge von 100 Metern.

Welche Bedeutung hatten die sieben parallel verlaufenden Fährten? Zunächst musste man sich vergewissern, dass die Laufrichtung der sieben Elefantenfußdinosaurier auch tatsächlich in eine gemeinsame Richtung wies. Fossilisierte Schlammwulste, die vom Gewicht der gewaltigen Beine an den Vorderrändern der Abdrücke aufgewölbt worden waren, bestätigten eine solch einheitliche Bewegungsrichtung.
Zu diesem Zeitpunkt beschäftigten sich die Hannoveraner Paläontologen auch mit der Frage, warum vor allem im westlichen Steinbruch fast ausschließlich Hinterfußabdrücke zu sehen sind. Da Elefantenfußdinosaurier durch ihr gewaltiges Gewicht stets auf alle vier Gliedmaßen niedergedrückt wurden, schien es für dieses Phänomen zunächst keine zufriedenstellende Erklärung zu geben. Vor den genauen Untersuchungen zwischen 1985 und 1987 war man deshalb immer davon ausgegangen, dass die größeren und breiteren Hinterfüße einfach die Vorderfußstapfen überdeckt und deshalb ausgelöscht hatten. Eine wenig realistische Vermutung, denn in diesem Falle hätte man wenigstens ab und zu Teile der Vorderfußabdrücke finden müssen. Auch die Annahme, dass sich die Abdrücke der Vorderfüße fossil nicht erhalten hätten, musste ausgeschlossen werden.
Das Rätsel der „verschwundenen Vorderfüße" löste sich durch einen anderen Denkansatz: In der Unterkreidezeit lag die Fundstelle in einer Landschaft, die aus lagunenartigen Becken bestand. Dieses von den Geologen als „Niedersächsisches Becken" bezeichnete Gebiet erstreckte sich als großflächiger Süßwasserbinnensee, aus dem seichtere Untiefen und sogar Inseln aufstiegen, wodurch sich in dem Binnensee wechselnde Wassertiefen ergaben. Dass das Areal zur Zeit seiner Entstehung mit Wasser bedeckt war, bewiesen die sogenannten „Rippelmarken", von sanft bewegtem Wasser geschaffene, parallel

verlaufende Sandwülste, wie man sie auch heute in Strandnähe sehen kann, und außerdem Grabgänge von Würmern oder Muscheln. Die Rippelmarken konnten nur dort entstehen, wo die Wassertiefe maximal einige Meter betrug. Die Gruppe der Elefantenfußdinosaurier musste sich also in seichtem Flachwasser fortbewegt haben. Warum waren dann aber nur ihre Hinterfußabdrücke erhalten geblieben? Auch darauf gibt die Vorstellung ihrer damaligen Umwelt die Antwort: Wo das Wasser tiefer wurde, sanken die schwereren Hinterkörper der Tiere mit den kräftigen Hinterbeinen tiefer in den Boden als die leichteren Vorderkörper. So schaute nur noch der vordere Teil des langen Halses samt dem kleinen Kopf aus dem Wasser. Gleichzeitig hob der Auftrieb des Wassers den Vorderkörper nach oben. Die Elefantenfußdinosaurier schwammen also mit schräg aufgerichtetem Vorderkörper, zwangsläufig verloren ihre Vorderfüße dabei den Kontakt mit dem Seeboden – und konnten deshalb auch keine Abdrücke im Sand oder Schlamm des Seebodens hinterlassen. Während sich die Elefantenfußdinosaurier auf den Hinterbeinen fortbewegten und in der Gruppe das Wasser durchschwammen, paddelten sie vielleicht mit ihren Vorderbeinen in der Art, wie Hunde schwimmen.

Irgendwann hatten die Pflanzenfresser die tieferen Passagen durchquert, unter ihren Körpern stieg der Sand wieder empor. Das flachere Wasser vermochte nun den Vorderkörper nicht mehr emporzuheben, und so bekamen die Tiere auch mit ihren Vorderfüßen wieder Bodenkontakt. Die Elefantenfußdinosaurier setzten ihre Wanderung auf allen vieren fort. Wie in einer feststehenden Zeitlupenaufnahme zeigt die Fährte, über der sich die Schutzhalle befindet, diesen Vorgang. Insgesamt haben die Riesen das Flachwasser relativ zügig und zielgerichtet durchschritten, ohne dabei zu pausieren oder etwas zu fressen.

Eine Erklärung, warum auf weiten Strecken nur Hinterfußabdrücke der pflanzenfressenden Elefantenfußdinosaurier vorhanden sind: Beim Laufen in größeren Wassertiefen bekam der leichte Vorderkörper Auftrieb, und die Tiere bewegten sich nur noch auf den Hinterbeinen. Im flacheren Wasser sanken die Elefantenfußdinosaurier wieder auf alle vier Füße
Zeichnung: umgezeichnet nach Reinhard Tönehöhn und Silvia Kulle-Battermann, 1989

Ein Verweilen für einen dieser Zwecke wäre unweigerlich fossil dokumentiert worden.
Da sich die Fährten auch in den Abschnitten, in denen sie sehr nahe beieinander liegen, nicht überkreuzen oder überlappen, obwohl sich die mächtigen Körper einander genähert haben müssen, ist anzunehmen, dass die Tiere während ihres Zuges „diszipliniert“ nebeneinander gingen. Einen besonderen Einblick in die Organisation dieser Kleinherde gewinnt man beim Betrachten der Fährten Nr. 2 und Nr. 3: Eine Zeitlang verlaufen sie parallel zueinander, doch unvermittelt entschließt sich der dritte Elefantenfußdinosaurier offensichtlich zu einer Richtungsänderung und läuft schräg auf den zweiten Elefantenfußdinosaurier zu. Bevor es jedoch zu einer Berührung kommt, dreht der dritte Elefantenfußdinosaurier ab und läuft von da an mit dem zweiten Elefantenfußdinosaurier wieder gemeinsam in eine Richtung.
Die Münchehagener Elefantenfußdinosaurier-Fährten beweisen, dass die größten Pflanzenfresser, die je die Erde bewohnt haben, in kleineren und größeren Herden lebten. Es muss ein majestätischer Anblick gewesen sein, wie diese Riesen am Münchehagener Strand entlang gezogen sind!

Die geheimnisvolle Dreizeherfährte

Im östlichen Teil des Steinbruches in Münchehagen verläuft auf einer Länge von ungefähr 28 Metern eine einzelne Fährte, die sich auf den ersten Blick durch ihre Form von den rundlichen Elefantenfußdinosaurier-Trittsiegeln unterscheiden lässt. Sie besteht aus 19 dreizehigen Fußabdrücken und wurde von einem nur auf den Hinterbeinen gehenden Dinosaurier verursacht.

Dreizehige Fußabdrücke eines Dinosauriers im Münchehagener Steinbruch.
Foto: Institut für Geologie und Paläontologie Hannover

Die einseitige Ganglänge dieses Dreizehers beträgt 2,40 bis 2,85 Meter, aber seine Gangbreite ist extrem gering, teilweise erreicht sie nicht einmal 10 Zentimeter, und manchmal wurde sogar ein Fuß leicht vor dem anderen gekreuzt, eine Gangweise, die man umgangssprachlich mit dem Ausdruck „über den großen Onkel gehen" oder als „Entenwatschelgang" bezeichnet.

Aus den gemessenen Daten der Fährte konnte nach den gleichen Methoden wie bei den Elefantenfußdinosaurier-Fährten berechnet werden, dass der vogelartige Dreizeher eine Hüfthöhe von mindestens 2 Metern und damit eine Gesamtlänge von 7 bis 9 Metern gehabt haben muss. Seine Scheitelhöhe mag bei voll aufgerichtetem Oberkörper – wenn er beispielsweise nach etwas Fressbarem Ausschau hielt – 5 Meter betragen haben. Dieser Dinosaurier bewegte sich nur mit circa 6 Stundenkilometern. Herauszufinden, welcher Dinosaurier die Dreizeherfährte verursacht hatte, bereitete den Paläontologen etwas Kopfzerbrechen, da es zwei verschiedene Dinosauriergruppen gibt, die sehr ähnliche Fährten erzeugt haben, aber nicht weiter miteinander verwandt waren: die Vogelfußdinosaurier (Ornithopoda) bei den Vogelbeckendinosauriern und die Raubtierfußdinosaurier (Theropoda) bei den Echsenbeckendinosauriern. Eine Unterscheidung der Fährten wäre sehr wichtig, da die eine Gruppe aus harmlosen Pflanzenfressern, die andere aber aus Fleischfressern bestand.

Zunächst schien sich beim Vergleich mit anderen Fährten die größte Übereinstimmung mit dem Münchehagener Dreizeher bei einer *Amblydactylus kortemeyeri* genannten Fährte aus der kanadischen Unterkreide zu finden. *Amblydactylus* war ziemlich sicher ein Entenschnabeldinosaurier (Hadrosaurier); diese Dinosauriergruppe wäre damit 1988 erstmals aus Deutschland nachgewiesen worden.

Aber nach erneuten Untersuchungen und aufgrund der etwas spitzeren Zehen hielten Töneböhn und Kulle-Battermann 1989 doch einen Fleischfresser, einen großen Carnosaurier, für den wahrscheinlicheren Kandidaten, nicht zuletzt, weil die Fleischfresser weniger Herdenverhalten als die pflanzenfressenden Vogelfußdinosaurier zeigten.
Ganz ausschließen konnten die beiden Wissenschaftler aber nicht, dass hier nur ein harmloser Vogelfußdinosaurier seines Weges gezogen war. Die Frage nach der Beziehung des einzelgängerischen Dreizehers zur Herde der flachwasserdurchquerenden Elefantenfußdinosaurier bleibt also unbeantwortet. War es eine zufällige, eher belanglose Begegnung von Pflanzenfressern, die auf dem Weg zu unterschiedlichen Weidegründen waren und dabei den flachen Uferbereich des Binnensees kreuzten, oder war es eine jener häufig dargestellten Situationen, bei der sich eine Pflanzenfresserherde von einem großen Fleischfresser verfolgt fühlte? Wie wir heute von fossilen Fährten der Fleischfresser wissen, schreckten diese jedenfalls nicht davor zurück, ihre Beute schwimmend bis in das scheinbar rettende Tiefwasser zu verfolgen.
Auf Jungtiere der Elefantenfußdinosaurier scheint es der Raubdinosaurier mit den 55 Zentimeter langen und 50 Zentimeter breiten Pfoten nicht abgesehen zu haben, da die Fährten zeigen, dass keine ausgesprochen kleinen Tiere mitliefen.

Seltsame Gebilde im Steinbruch: Suhlen, Krater und Kothaufen

Neben den eindeutig bestimmbaren Elefantenfußdinosaurier- und Dreizeherfährten hat eine Anzahl weniger klar zu deutender Strukturen im Steinbruch die Wissenschaftler beschäftigt.

Zum einen handelt es sich um drei längliche, flache und nebeneinander liegende Gruben im Boden des Steinbruches. Ihr zwiebelschalenartiger Aufbau wurde zunächst so gedeutet, dass Elefantenfußdinosaurier hier ihre tonnenschweren Körper zur Ruhe gelegt hatten oder sie sich, ähnlich wie Elefanten, mit einem Schlammbad erfrischt hätten. Erst 1987 schied man diese Entstehungsmöglichkeit durch nähere Untersuchungen aus, und heute glaubt man, dass die „Sauriersuhlen" in Wirklichkeit durch fließendes Wasser gebildet worden sind. Ob dies durch Bäche geschah, die sich am Ufer des Binnensees ihren Weg suchten, oder durch andere von Nordnordost nach Südsüdwest fließende Gewässer, ist noch nicht ganz klar. Auf jeden Fall wurden diese Strukturen eindeutig später angelegt als die Dinosaurierfährten, so dass allein schon deshalb kein ursächlicher Zusammenhang zwischen beiden bestehen kann.

Neben den „Ruhelagern der Dinosaurier" gibt es drei Anhäufungen, die als „Kothaufen" der Dinosaurier bezeichnet worden sind; einer südlich der Schutzhalle, ein anderer nur wenige Meter nördlich davon und ein weiterer am nordöstlichen Rand des kleinen Hügels. Ihr Aufbau und die Tatsache, dass in den bis zu 1,50 Meter großen „Fladen" grobes Pflanzenmaterial zu sehen ist, das sich wegen seines Kohlegehaltes dunkel färbt, hatte zu dieser Deutung geführt. Tatsächlich kennt man von vielen Fundstellen auf der Welt fossilen Dinosaurierkot (sogenannte Koprolithen, „Kotsteine").

Der scheinbare Dinosaurierkot aus Münchehagen ist aber ganz anders geformt und wird daher inzwischen nur als in Rinnen zusammen geschwemmte Pflanzenteile interpretiert, ist also nicht tierischen Ursprungs.

Die dritte und letzte der rätselhaften Bildungen im Steinbruch sind schüssel- oder kraterartige Vertiefungen von 16 Zentimeter Tiefe und bis zu 1,50 Meter Breite. Sie wurden erst im Herbst

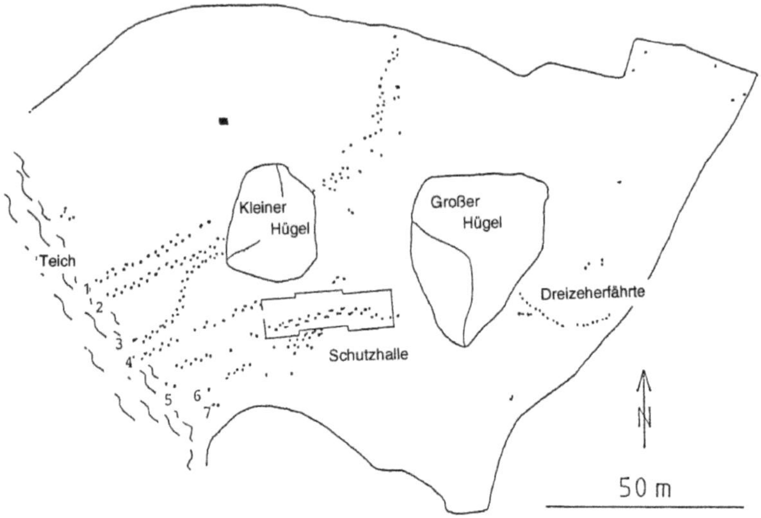

Überblick über die Fährten und das Münchenhagener Gelände. Zeichnung: Landkreis Nienburg

1987 bei Reinigungsarbeiten entdeckt. Wegen mehrerer Eigenarten sind sie sehr auffällig. In ihren Umrissen erinnern sie fast an aufgeklappte Muschelschalen, und sie sind bis auf eine Ausnahme in einem gleichmäßigen Abstand von etwa 1,70 Meter nebeneinander aufgereiht. Darüber hinaus haben diese „Doppelkrater“ eine fast symmetrische Ausrichtung. Wie sie entstanden sind, ist bis heute ein völliges Rätsel. Ihre Anordnung legt allerdings nahe, dass es sich bei ihnen um Fährten von Elefantenfußdinosauriern handeln könnte.

Die Zukunft der Münchehagener Fährten

Die bisherigen geologisch-paläontologischen Untersuchungen haben die herausragende Bedeutung der Münchehagener Dinosaurierfährten bestätigt und manchen Zusammenhang klarer werden lassen. Die Erhaltung eines derartigen geowissenschaftlichen Freilichtmuseums kostet aber Geld, insbesondere die Konservierung und Erhaltung der Fährten.
Besucher, die den Pfingsturlaub im Mai 1991 zu einem Besuch des Naturdenkmals nutzen wollten, kehrten enttäuscht wieder um: Am Zaun, der den Steinbruch umgibt, wies ein Schild darauf hin, dass der Steinbruch derzeit gesperrt sei, weil Maßnahmen zur Konservierung und zum Schutz der Fährten durchgeführt würden. In der Tat waren alle freiliegenden Fährten durch große Strohballen abgedeckt. 1992 fanden schließlich große Baumaßnahmen statt. Durch die Niedersächsische Sparkassenstiftung, das Land Niedersachsen und den Landkreis Nienburg finanziell unterstützt, wurde nach amerikanischem Vorbild eine Schutzhalle über die Dinosaurierfährten gebaut. Die Fährtenhalle wurde in einen geowissenschaftlichen Lehrpfad integriert, der von privater Hand

Fährte eines Elefantenfußdinosauriers im „Dinosaurier-Park Münchehagen“.
*Foto: Bernhard Loewa / CC BY-SA 3.0 (via Wikimmedia Commons), lizensiert unter Creative Commons-Lizenz by-sa-3.0-*de
https://creativecommons.org/licenses/by-sa/3.0/legalcode.de

Schauwand des „Dinosaur National Monument" (USA).
Foto: Koelle / CC BY-SA 3.0 (via Wikimedia Commons), lizensiert unter Creative Commons-Lizenz by-sa-3.0 https://creativecommons.org/licenses/by-sa/3.0/legalcode

eingerichtet wurde. Mehr als 100 lebensgroße Rekonstruktionen von urzeitlichen Lebewesen begleiten nun die Dinosaurierfährten.

Der Lehrpfad wurde im Sommer 1992 publikumswirksam eröffnet, indem per Helikopter eine Nachbildung von *Apatosaurus* eingeflogen wurde, die – auf den Fährten stehend – den Besuchern nun drastisch vor Augen führt, welche Dimensionen die Fährtenerzeuger hatten.

Nach 18 Monaten und mit Hilfe von 2,8 Millionen DM konnte am 12. März 1993 schließlich auch die Schutzhalle feierlich eröffnet werden, die nun wissenschaftlich fundierte Informationen zu den Fährten bietet.

Es scheint, dass die Dinosaurierfährten von Rehburg-Loccum in Verbindung mit dem Dinosaurierfreilichtmuseum zu einer Institution werden, die mit dem im US-Bundesstaat Utah gelegenen „Dinosaur National Monument" verglichen werden kann, obwohl hier nicht wie in den USA Dinosaurierknochen vor den Augen der Besucher aus dem Gestein präpariert werden. Die Besucherzahlen sprechen für die Attraktivität dieser mit allen modernen Kommunikationsmitteln arbeitenden „Dinosaurierschau". Besuchten 1986 noch 10.000 Neugierige das bescheiden organisierte Areal, waren es 1990 bereits 40.000 Besucher, und 1992 fühlten sich bereits 150.000 große und kleine Dinosaurierfans von der Einrichtung angezogen!

Über die Zukunft der Dinosaurierfährten wacht – bisher einmalig für einen deutschen Dinosaurierfund! – der Verein „Förderkreis Saurierfährten Münchehagen" mit Sitz in Nienburg. So scheinen die Dinosaurierfährten für die Zukunft finanziell und wissenschaftlich kompetent abgesichert zu sein; eine sehr erfreuliche Tatsache, sind sie doch ein gutes Beispiel dafür, wie uns die Erdgeschichte Deutschlands lehrreich und plastisch nähergebracht werden kann.

Der Dinosaurier-Park Münchehagen

Das Naturdenkmal „Saurierfährten Münchehagen" bildet das Zentrum des 1992 eröffneten Freilichtmuseums „Dinosaurier-Park Münchehagen". Ein ungefähr 2,5 Kilometer langer Rundweg führt thematisch durch die Erdgeschichte vom Erdaltertum über das Erdmittelalter bis zur Erdneuzeit. Entlang des Rundweges sind zahlreiche lebensgroße Rekonstruktionen prähistorischer Tiere zu bewundern. Die größte Attraktion sind mehr als 230 Dinosaurier, unter ihnen der 45 Metern lange Elefantenfußdinosaurier *Seismosaurus*, der als eines der größten Dinosauriermodelle weltweit gilt.
Seit 2004 gräbt der „Dinosaurier-Park Münchehagen" im benachbarten noch aktiven Steinbruch Wesling immer wieder neue Dinosaurierspuren aus. Die 1980 entdeckten Dinosaurierfährten von Münchehagen hat man 2006 als bedeutendes „Nationales Geotop" ausgezeichnet. Im selben Jahr wurde der „Dinosaurier-Park Münchehagen" Mitglied der „National Geographic Society". Seit 2010 zeigt man die im Steinbruch Wesling gefundenen Dinosaurierspuren in der Fährtenhalle des „Dinosaurier-Parks Münchehagen".

Freilichtmuseum „Dinosaurier-Park Münchehagen".
Foto: Oliver Wings / CC BY-SA 3.0 (via Wikimedia Commons), lizensiert unter Creative Commons-Lizenz by-sa-3.0, https://creativecommons.org/licenses/by-sa/3.0/legalcode

Frankfurter Paläontologe Hermann von Meyer (1801–1869).
Bild: Lithographie von C. J. Allemagne von 1837

Dinosaurierfunde in Deutschland

1834: Entdeckung des ersten Dinosauriers *(Plateosaurus engelhardti)* in Franken
1837: Hermann von Meyer beschreibt *Plateosaurus engelhardti* aus Franken
um 1840: Wilhelm Dunker entdeckt bei Obernkirchen (Niedersachsen) einen Zahn des Leguanzahndinosauriers *Iguanodon*
1857: Hermann von Meyer beschreibt *Stenopelix valdensis* aus den Bückebergen (Niedersachsen)
1859: Andreas Wagner beschreibt *Compsognathus longipes* aus Kelheim oder Jachenhausen bei Riedenburg (Bayern)
1861: Hermann von Meyer bezeichnet eine 1860 in Solnhofen entdeckte Feder als *Archaeopteryx lithographica*. 1861 findet man bei Langenaltheim das erste Skelett-exemplar eines Urvogels, den man ebenfalls *Archaeopteryx* zurechnet. *Archaeopteryx* gilt heute als Raubdinosaurier.
1879–1881: Erste Fährtenfunde in den Bückebergen und den Rehburger Bergen (Niedersachsen)
1904: Erste Knochenfunde in Trossingen (Baden-Württemberg)
1908: Friedrich von Huene beschreibt *Sellosaurus gracilis* (heute: *Plateosaurus gracilis) und Halticosaurus longotarsus* (heute: *Liliensternus liliensterni)*
1909: *Procompsognathus* wird am Nordhang des Stromberges bei Pfaffenhofen (Baden-Württemberg) entdeckt;
der Schüler Hermann Weiß entdeckt Plateosaurierknochen in Trossingen;

erste Dinosaurierskelettfunde in Halberstadt (Sachsen-Anhalt)
1910: Die Grabungen in Halberstadt beginnen
1911: Wichtige Fährtenfunde im Keuper Württembergs
1911–1912: Erste Trossinger Grabung
1913: Eberhard Fraas beschreibt *Procompsognathus triassicus* vom Nordhang des Stromberges bei Pfaffenhofen (Baden-Württemberg)
1921: Die Barkhausener Dinosaurierfährten (Niedersachsen) werden entdeckt
1921–1923: Zweite Trossinger Grabung
1932: Dritte Trossinger Grabung. Bei insgesamt sechs Grabungen werden Reste von fast 100 Plateosauriern geborgen
1932/1933: Hugo Rühle von Lilienstern gräbt am Großen Gleichberg in Thüringen zwei Skelette von *Plateosaurus* und zwei weitere von *Liliensternus* (früher *Halticosaurus*) aus
1934: Willi Weiss entdeckt in Franken die Fährte *Coelurosaurichnus schlauersbachensis*
1948: Die Fährte *Coelurosaurichnus (Dinosaurichnium) moeni* wird beschrieben
1950: Karl Beurlen beschreibt die Fährte *Coelurosaurichnus kehli;*
Kurt Rehnelt beschreibt die Fährten *Coelurosaurichnus schlehenbergensis* und *Coelurosaurichnus kronbergeri;*
1952: Florian Heller beschreibt die Fährte *Coelurosaurichnus metzneri* die ab 1986 der Fährtengattung *Atreipus* zugerechnet wird
1958: Oskar Kuhn beschreibt zwei Dinosaurierfährten aus Franken: *Coelurosaurichnus ziegelangerensis* und *Coelurosaurichnus sassendorfensis*
1963: *Emausaurus* wird in einer Tongrube bei Greifswald

(Mecklenburg-Vorpommern) entdeckt
1975: Erste Dinosaurierknochen aus Nehden bei Brilon (Nordrhein-Westfalen) tauchen auf
1978: Rupert Wild beschreibt *Ohmdenosaurus liasicus* aus der Gegend von Ohmden (Baden-Württemberg)
1979: Die Münchehagener Dinosaurierfährten werden entdeckt
1979–1982: Ausgrabungen in Nehden mit großartigen Funden der Leguanzahndinosaurier *Iguanodon atherfieldensis* und *Iguanodon bernissartensis*
1982: Im Wiehengebirge (Nordrhein-Westfalen) wird ein vermeintliches Schwanzstachelframent des Stegosauriers *Lexovisaurus* entdeckt;
Kurt Rehnelt beschreibt die Fährte *Coelurosaurichnus arntzeniusi*
1988: Im Stromberg bei Pfaffenhofen (Baden-Württemberg) kommt die Fährte eines *Procompsognathus* ähnelnden Raubdinosauriers samt Hautabdruck zum Vorschein
1989: In Baden-Württemberg wird anhand einer Fährte ein weiterer Raubtierfußdinosaurier (Theropode) nachgewiesen, der *Syntarsus* gleicht
1990: Der gepanzerte Dinosaurier *Emausaurus ernsti* aus einer Tongrube bei Greifswald (Mecklenburg-Vorpommern) wird von Hartmut Haubold beschrieben
1991: Neue Fährtenfunde eines großen Raubtierfußdinosauriers (Theropoden) in Baden-Württemberg
2004: In Münchehagen (Niedersachsen) werden nahe der 1979 entdeckten alten Fundstelle weitere Dinosaurierfährten gefunden
2006: P. Martin Sander, Octávio Mateus, Thomas Laven und Nils Knötschke beschreiben den Elefantenfußdinosaurier

Raubdinosaurier Juravenator starki aus einem Steinbruch in Schamhaupten bei Eichstätt in Oberbayern.
Foto: Superikonoskop / CC BY-SA 3.0 (via Wikimedia Commons), lizensiert unter Creative Commons-Lizenz by-sa-3.0, https://creativecommons.org/licenses/by-sa/3.0/legalcode

Europasaurus holgeri aus dem Kalksteinbruch Langenberg bei Göttingerode (Niedersachsen). Der Artname erinnert an den Entdecker Holger Lüdtke

2006: Ursula B. Göhlich und Louis M. Chiappe beschreiben den 1998 in Schamhaupten bei Eichstätt (Bayern) entdeckten Raubdinosaurier *Juravenator starki*

2007: Die Dinosaurierfährten von Obernkirchen (Niedersachsen) werden entdeckt

2012: Oliver Rauhut, Christian Foth, Helmut Tischlinger und Mark A. Norell beschreiben den 2009 oder 2010 bei Painten unweit von Kelheim (Bayern) ausgegrabenen Raubdinosaurier *Sciurumimus albersdoerferi*

2016: Oliver Rauhut, Tom R.. Hübner und Klaus-Peter Lanser beschreiben den 1998 von dem Geologen Friedrich Albat im Wiehengebirge bei Minden (Nordrhein-Westfalen) entdeckten Raubdinosaurier *Wiehenvenator albati*

2017: Oliver Rauhut und Christian Foth identifizieren ein 1855 in Jachenhausen bei Riedenburg (Bayern) geborgenes Fossil als Raubdinosaurier und nennen es *Ostromia crassipes.* Vorher galt dieser Fund, der im „Teylers Museum" in Haarlem (Niederlande) aufbewahrt wird, als Urvogel.

2022: Ingmar Werneburg und Omar Regalado Fernandez beschrieben eine 1922 von Friedrich von Huene bei Trossingen entdeckte, *Plateosaurus* zugeschriebene und in der Paläontologischen Sammlung der Universität Tübingen aufbewahrte Hüfte als neue Gattung und Art namens *Tuebingosaurus maierfritzorum.*

Literatur

FERNÁNDEZ, Omar Rafael Regalado / WERNEBURG, Ingmar: A new massopodan sauropodomorph from Trossingen Formation (Germany) hidden as „*Plateosaurus*" for 100 years in the historical Tübingen collection. In: *Vertebrate Zoology* 72: S. 771–822, 2022.

FISCHER, Rudolf / KULLE-BATTERMANN, Silvia / TÖNEBÖHN, Reinhard (1988): Das Naturdenkmal Saurierfährten Münchehagen. In: *Natur und Museum,* 118 (1), S. 385–392.

FISCHER, Rudolf / THIES D. (1993)*: Das Dinosaurier-Freilichtmuseum Münchehagen und das Naturdenkmal „Saurierfährten Münchehagen*", Dinosaurierpark Münchehagen GmbH & Co.

HENDRICKS, Alfred (1981): Die Saurierfährte von Münchehagen bei Rehburg-Loccum (Nordwest-Deutschland). In: *Abhandlungen des Landesmuseums für Naturkunde, Münster*, 43 (2), S. 1–22.

HENDRICKS, Alfred (1982): Fährten von Sauriern in Nordwest-Deutschland. In: *Natur- und Landschaftskunde,* 18, S. 45–48.

LOOK, E.-R. / KULLE-BATTERMANN, Silvia / TÖNEBÖHN, Reinhard (1988): *Die Dinosaurierfährten von Münchehagen im Landkreis Nienburg*, Naturhistorische Gesellschaft Hannover.

MEYER, Dirk (1987): Naturdenkmal Saurierfährten von Münchehagen. In: *Fossilien, 3*, S. 142–143.

PROBST, Ernst (1986): Deutschland in der Urzeit. Von der Entstehung der Erde bis zum Ende des Eiszeitalters,

C. Bertelsmann, München.
PROBST, Ernst (2010): Dinosaurier von A bis K. Von Abelisaurus bis Kritosaurus, GRIN, München.
PROBST, Ernst (2010): Dinosaurier von L bis Z. Von Labocania bis Zupaysaurus, GRIN, München.
PROBST, Ernst / WINDOLF, Raymund (1993): Dinosaurier in Deutschland, C. Bertelsmann, München.
TÖNEBÖHN, Reinhard / KULLE-BATTERMANN, Silvia (1988 a): *Maßnahmen zum Erhalt des Naturdenkmals „Saurierfährten Münchehagen"*, Arbeitsbericht Teil B, Landkreis Nienburg/W. (Amt für Regionalplanung), Nienburg/Weser.
TÖNEBÖHN, Reinhard / KULLE-BATTERMANN, Silvia (1988b): *Vorschläge zur weiteren musealen Gestaltung des Naturdenkmals »Saurierfährten Münchehagen"*, Arbeitsbericht Teil C, Landkreis Nienburg/W. (Amt für Regionalplanung), Nienburg/Hannover.
TÖNEBÖHN, Reinhard / KULLE-BATTERMANN, Silvia (1989): *Die Dinosaurierfährten von Münchehagen,* Arbeitsbericht Teil A, *Zur Paläontologie der Saurierfährten von Münchehagen*, Landkreis Nienburg/W. (Amt für Regionalplanung), Nienburg/Hannover.
WIKIPEDIA (Online-Lexikon): Dinosaurier-Park Münchehagen
https://de.wikipedia.org/wiki/Dinosaurier-Park_M%C3%BCnchehagen
WINDOLF, Raymund (1989): Dinosaurier-Lexikon. Das aktuelle Wissen über die Dinosaurier, von ihren Anfängen bis zum Aussterben, Goldschneck-Verlag, Korb.

Die Autoren

Ernst Probst, 1946 in Neunburg vorm Wald (Oberpfalz) geboren, war von 1973 bis 2001 verantwortlicher Redakteur bei der „Allgemeinen Zeitung" in Mainz und betätigte sich in seiner Freizeit als Wissenschaftsautor. Ab 1977 beschäftigte er sich mit der Erdgeschichte Deutschlands, zunächst als Fossiliensammler im Mainzer Becken, später als Verfasser von Artikeln für Tages- und Wochenzeitungen in Deutschland, Österreich und der Schweiz. Die „Welt" nannte sein 1986 erschienenes Buch „Deutschland in der Urzeit" ein „Glanzstück deutscher Wissenschaftspublizistik". Bis heute veröffentlichte er mehr als 450 Bücher, Taschenbücher und Broschüren aus den Themenbereichen Paläontologie, Kryptozoologie, Archäologie und Geschichte.

Raymund Windolf, geboren 1953 in München, gestorben 2010 in Rott/Lech, interessierte sich bereits als Sechsjähriger für Dinosaurier. Sein Berufsleben begann er mit einer Ausbildung zum Wetterdiensttechniker (Wetterbeobachter). Von 1975 bis 1983 arbeitete er beim „Deutschen Wetterdienst". Mit ideeller und finanzieller Unterstützung seiner Ehefrau Regina Cossmann studierte er danach Zoologie, Botanik und Paläontologie. Zeitweise war er Herausgeber der Zeitschrift „Dinosaurier-Magazin". 1989 veröffentlichte er das „Dinosaurier-Lexikon" und 1993 zusammen mit Ernst Probst das Buch „Dinosaurier in Deutschland". Während seiner Tätigkeit für den „Dinopark Münchehagen" war er ab 1998 an der Bearbeitung von Dinosaurierfunden aus Niedersachsen beteiligt.

Bücher von Ernst Probst

(Auswahl)

Als Mainz noch nicht am Rhein lag
Der Europäische Jaguar
Der Mosbacher Löwe. Die riesige Raubkatze aus Wiesbaden
Der Rhein-Elefant. Das Schreckenstier von Eppelsheim
Der Ur-Rhein. Rheinhessen vor zehn Millionen Jahren
Deutschland im Eiszeitalter
Deutschland in der Frühbronzezeit
Deutschland in der Mittelbronzezeit
Deutschland in der Spätbronzezeit
Die Aunjetitzer Kultur in Deutschland
Die Straubinger Kultur in Deutschland
Die Singener Gruppe
Die Arbon-Kultur in Deutschland
Die Ries-Gruppe und die Neckar-Gruppe
Die Adlerberg-Kultur
Der Sögel-Wohlde-Kreis
Die nordische Bronzezeit in Deutschland
Die Hügelgräber-Kultur in Deutschland
Die ältere Bronzezeit in Nordrhein-Westfalen
Die Bronzezeit in der Lüneburger Heide
Die Stader Gruppe
Die Oldenburg-emsländische Gruppe
Die Urnenfelder-Kultur in Deutschland
Die ältere Niederrheinische Grabhügel-Kultur
Die Unstrut-Gruppe
Die Helmsdorfer Gruppe
Die Saalemündungs-Gruppe

Die Lausitzer Kultur in Deutschland
Die Dolchzahnkatze Megantereon
Die Dolchzahnkatze Smilodon
Die Säbelzahnkatze Homotherium
Die Säbelzahnkatze Machairodus
Die Schweiz in der Frühbronzezeit
Die Rhône-Kultur in der Westschweiz
Die Arbon-Kultur in der Schweiz
Die Schweiz in der Mittelbronzezeit
Die Schweiz in der Spätbronzezeit
Deutschland in der Urzeit. Von der Entstehung des Lebens bis zum Ende der Eiszeit
Deutschland in der Steinzeit. Jäger, Fischer und Bauern zwischen Nordseeküste und Alpenraum
Deutschland in der Bronzezeit. Bauern, Bronzegießer und Burgherren zwischen Nordsee und Alpen
Dinosaurier in Deutschland (zusammen mit Raymund Windolf)
Dinosaurier von A bis K. Von Abelisaurus bis zu Kritosaurus
Dinosaurier von L bis Z. Von Labocania bis zu Zupaysaurus
Dinosaurier in Bayern. Von Cetiosauriscus bis zu Sciurumimus
Der rätselhafte Spinosaurus. Leben und Werk des Forschers Ernst Stromer von Reichenbach
Compsognathus. Der Zwergdinosaurier aus Bayern
Plateosaurus. Der Deutsche Lindwurm
Liliensternus. Ein Raubdinosaurier aus der Triaszeit
Eiszeitliche Geparde in Deutschland
Eiszeitliche Leoparden in Deutschland
Höhlenlöwen. Raubkatzen im Eiszeitalter
Johann Jakob Kaup. Der große Naturforscher aus

Darmstadt
Monstern auf der Spur. Wie die Sagen über Drachen, Riesen und Einhörner entstanden
Neues vom Ur-Rhein. Interview mit dem Geologen und Paläontologen Dr. Jens Sommer
Österreich in der Frühbronzezeit
Österreich in der Mittelbronzezeit
Österreich in der Spätbronzezeit
Raub-Dinosaurier von A bis Z. Mit Zeichnungen von Dmitry Bogdanav und Nobu Tamura
Rekorde der Urmenschen. Erfindungen, Kunst und Religion
Rekorde der Urzeit. Landschaften, Pflanzen und Tiere
Säbelzahnkatzen. Von Machairodus bis zu Smilodon
Säbelzahntiger am Ur-Rhein. Machairodus und Paramachairodus
Was ist ein Menhir? Interview mit dem Mainzer Archäologen Dr. Detert Zylmann
Wer ist der kleinste Dinosaurier? Interviews mit dem Wissenschaftsautor Ernst Probst
Wer war der Stammvater der Insekten? Interview mit dem Stuttgarter Biologen und Paläontologen Dr. Günther Bechly
Kastel in der Vorzeit. Von der Jungsteinzeit bis Christi Geburt
Kostheim in der Vorzeit. Von der Jungsteinzeit bis Christi Geburt
Die Altsteinzeit. Eine Periode der Steinzeit in Europa vor etwa 1.000.000 bis 10.000 Jahren
Anno. 1.000.000. Deutschland in der älteren Altsteinzeit
Wiesbaden in der Steinzeit. Von Eiszeit-Jägern bis zu frühen Bauern
Wiesbaden vor 600.000 Jahren. Die Fossilien der Mosbach-Sande

Mainz in der Steinzeit. Von Eiszeit-Jägern bis zu frühen Bauern
Österreich in der Altsteinzeit. Vor 250.000 bis 10.000 Jahren
Anno 1.000.000. Deutschland in der älteren Altsteinzeit
Das Protoacheuléen. Eine Kulturstufe der Altsteinzeit vor etwa 1,2 Millionen bis 600.000 Jahren
Das Altacheuléen. Eine Kulturstufe der Altsteinzeit vor etwa 600.000 bis 350.000 Jahren
Das Jungacheuléen. Eine Kulturstufe der Altsteinzeit vor etwa 350.000 bis 150.000 Jahren
Das Spätacheuléen. Eine Kulturstufe der Altsteinzeit vor etwa 150.000 bis 100.000 Jahren
Die Lanze von Lehringen. Der Jahrhundertfund aus der Altsteinzeit
Das Moustérien. Die große Zeit der Neanderthaler
Das Aurignacien. Eine Kulturstufe der Altsteinzeit vor etwa 40.000 bis 31.000 Jahren
Das Gravettien. Eine Kulturstufe der Altsteinzeit vor etwa 35.000 bis 24.000 Jahren
Das Magdalénien. Eine Kultustufe der Altsteinzeit vor etwa 18.000 bis 14.000 Jahren
Die Hamburger Kultur. Eine Kulturstufe der Altsteinzeit vor etwa 15.700 bis 14.200 Jahren
Die Federmesser-Gruppen. Eine Kulturstufe der Altsteinzeit vor etwa 14.000 bis 12.800 Jahren
Das Steinzeit-Grab von Bonn-Oberkassel. Ein rätselhafter Fund aus der Zeit der Federmesser-Gruppen
Die Ahrensburger Kultur. Eine Kulturstufe der Altsteinzeit vor etwa 12.700 bis 11.650 Jahren
Die Mittelsteinzeit. Eine Periode der Steinzeit vor etwa

8.000 bis 5.000 v. Chr.
Deutschland in der Mittelsteinzeit
Die Mittelsteinzeit in Baden-Württemberg
Die Mittelsteinzeit in Bayern
Die Mittelsteinzeit in Hessen
Die Mittelsteinzeit in Niedersachsen
Die Mittelsteinzeit in Rheinland-Pfalz
Die Mittelsteinzeit in Nordrhein-Westfalen
Die Mittelsteinzeit in Thüringen, Sachsen-Anhalt, Sachsen und im südlichen Brandenburg
Die Mittelsteinzeit in Schleswig-Holstein, Mecklenburg und im nördlichen Brandenburg
Die Jungsteinzeit. Eine Periode der Steinzeit vor etwa 5.500 bis 2.300 v. Chr.
Die ersten Bauern in Deutschland. Die Linienbandkeramische Kultur (5.500 bis 4.900 v. Chr.)
Die Ertebölle-Ellerbek-Kultur. Eine Kultur der Jungsteinzeit vor etwa 5.000 bis 4.300 v. Chr.
Die Stichbandkeramik. Eine Kultur der Jungsteinzeit vor etwa 4.900 bis 4.500 v. Chr.
Die Hinkelstein-Gruppe. Eine Kulturstufe der Jungsteinzeit vor etwa 4.900 bis 4.800 v. Chr.
Die Rössener Kultur. Eine Kultur der Jungsteinzeit vor etwa 4.600 bis 4.300 v. Chr.
Die Baalberger Kultur. Eine Kultur der Jungsteinzeit vor etwa 4.300 bis 3.700 v. Chr.
Die Michelsberger Kultur. Eine Kultur der Jungsteinzeit vor etwa 4.300 bis 3.500 v. Chr.
Die Kupferzeit. Wie die ersten Metalle in Mitteleuropa bekannt wurden
Pfahlbauten in Süddeutschland. Dörfer der Jungsteinzeit und Bronzezeit an Seen, Mooren und Flüssen

Die Salzmünder Kultur. Eine Kultur der Jungsteinzeit vor etwa 3.700 bis 3.200 v. Chr.
Die Wartberg-Kultur. Eine Kultur der Jungsteinzeit vor etwa 3.500 bis 2.800 v. Chr.
Die Chamer Gruppe. Eine Kulturstufe der Jungsteinzeit vor etwa 3.500 bis 2.700 v. Chr.
Die Walternienburg-Bernburger Kultur. Eine Kultur der Jungsteinzeit vor etwa 3.200 bis 2.800 v. Chr.
Die Kugelamphoren-Kultur. Eine Kultur der Jungsteinzeit vor etwa 3.100 bis 2.700 v. Chr.
Die Schnurkeramischen Kulturen. Kulturen der Jungsteinzeit vor etwa 2.800 bis 2.400 v. Chr.
Die Glockenbecher-Kultur. Eine Kultur der Jungsteinzeit vor etwa 2.500 bis 2.200 v. Chr.
Große Kometen. Schweifsterne in Wort und Bild
Meteoriten. Die wichtigsten Funde und Krater